高职高专建筑设计专业系列教材
省级重点专业建设成果

室内外手绘效果图快速表现

主　编　　张建英

副主编　　张　芳　吕　莎

参　编　　高　杰　毛小平　罗　佳
　　　　　刘学航　李　璟

U0242061

中国轻工业出版社

图书在版编目（CIP）数据

室内外手绘效果图快速表现 / 张建英主编. —北京：中国轻工业出版社，2024.8

高职高专建筑设计专业"十三五"规划教材、省级重点专业建设成果

ISBN 978-7-5184-2147-3

Ⅰ. ① 室… Ⅱ. ① 张… Ⅲ. ① 建筑画—效果图—绘画技法—高等职业教育—教材 Ⅳ. ① TU204

中国版本图书馆CIP数据核字（2018）第238519号

责任编辑：陈 萍　　　责任终审：张乃柬　　整体设计：锋尚设计
策划编辑：林 媛 陈 萍　责任校对：吴大朋　　责任监印：张 可

出版发行：中国轻工业出版社（北京鲁谷东街5号，邮编：100040）
印　　刷：艺堂印刷（天津）有限公司
经　　销：各地新华书店
版　　次：2024年8月第1版第4次印刷
开　　本：787×1092　1/16　印张：8.5
字　　数：200千字
书　　号：ISBN 978-7-5184-2147-3　定价：48.00元
邮购电话：010-85119873
发行电话：010-85119832　010-85119912
网　　址：http://www.chlip.com.cn
Email：club@chlip.com.cn
版权所有　侵权必究
如发现图书残缺请与我社邮购联系调换
241365J2C104ZBW

前　言

本书通过对案例与步骤图的分析、理论与实践的分析，讲解了手绘效果图快速表现的特点和基本属性，增加读者对马克笔、彩色铅笔、色粉等绘图工具及材料的快速表现技法的认识和了解，达到提高设计师、尤其建筑设计及相关专业师生综合应用能力的目的。

教材编写以任务为模块，以岗位能力实训为本位，体现了工学交替、校企合作特色，注重培养学生的设计思维与创新意识；将岗位职业能力要求融入各知识点，通过项目案例、作业实训等多种途径来提高学生的能力。内容上注重知识点与工程项目案例实践过程相结合，深入浅出地将知识点分解、提炼和输出，便于学生理解和吸收，既有高职教育的理论深度，又有相关职业的特点。教材案例导学上遵循学生的认知规律，以项目形式分章节，从小到大，从简到繁，将成熟设计师作品与学生作品、企业典型工程与个人优秀作品等进行比较。教材引入了大量设计作品，分析其独特之处，并对应不同的知识点，强化学生的设计能力和创新能力。

本教材既具有理论深度，又具有较强的实践指导性，能够使学生在实际操作中举一反三、触类旁通，增强学生学习的积极性和主动性，为其就业和职业生涯发展奠定专业基础。愿此书的出版能起到抛砖引玉的作用，希望读者能从中获得有用信息，总结出更为有效的经验，从而掌握一套实用的设计手绘表现技法，以利于今后的工作与学习。

本书由宜宾职业技术学院张建英、高杰、张芳、吕莎等编写，张建英担任主编，并对本书进行统稿。由宜宾职业技术学院冯翔、郭莉梅担任主审。项目1由高杰编写，项目2由张芳编写，项目3由张建英编写，项目4由吕莎、李璟编写，项目5由张建英、刘学航、罗佳、毛小平编写。本书在编写过程中，得到了装饰公司以及行业设计师的帮助，在此一并表示衷心感谢！

本书可以作为高职高专院校建筑装饰、风景园林、室内设计等专业手绘基础课程教材和指导书，也可以作为艺术设计专业的培训教材。由于编者水平有限，本书难免存在不足和疏漏之处，敬请各位读者批评指正。

张建英

2018年6月

目 录

项目 **4** 园林景观的表现

项目 **5** 优秀作品鉴赏

项目 **1**

室内空间的表现

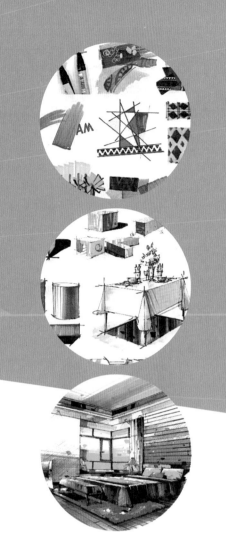

本章学习重点

任务 1　单体的表现

任务 2　卧室空间的表现

任务 3　客厅空间的表现

任务 4　餐厅空间的表现

任务要点

1. 了解绘制室内设计效果图的常用工具和材料。

2. 掌握线条绘制方法。

3. 熟练掌握一点透视、两点透视及平行透视的画法。

任务目标

本项目为整体课程做铺垫。学生通过学习本项目，对手绘效果图的材料、工具、基本学习技法有所认识，从而激发学习兴趣。本项目在教学中主要通过临摹练习、教师在教学中深入浅出的讲解与演示，以及学生练习，使学生获得知识。

1.1　任务 1　单体的表现

1.1.1　线条技法

线条是手绘表现的根本，是学习手绘的第一步。学习、掌握并熟练应用多种线条的表现技法是一个室内设计师最基本的能力。

1.1.1.1　绘线工具

绘线工具可以是针管笔、钢笔、炭铅笔、铅笔、中性笔等，这些是练习线条、线稿的重要工具。

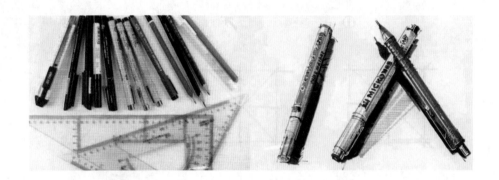

1.1.1.2　线的分类

（1）直线

直线包括水平线、竖直线、斜线。直线的绘制方法有两种：一是借助尺规绘制，还有就是徒手绘制。这两种表现形式可以根据不同的情况选择使用，对于初学者来说，选用徒手绘制更有益于今后的发展，因为徒手绘制线条在进行方案表现的时候会感觉更加自由、方便。

绘制直线时，先向左短行并顿笔，然后原路向右行笔，行笔时用力要均匀，速度要匀速，但不可过慢。到线条末端时顿笔，然后回笔提起。这样可以在线条两端形成粗头，线条感觉要生动一些。

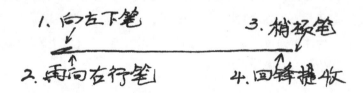

直线的绘制方法：

水平线　　　　　　　　　　　竖直线　　　　　　　　　　　　　　斜线

（2）曲线

曲线的绘制和直线的绘制相似，不同之处仅仅是行笔过程中根据表现的需要做弧线行进。

1.1.1.3 线条的排列

在手绘中，线条排列主要是表现物体的背光和投影部分。线条的排列方法很多，只要排列整齐、线条之间的间距均匀、长短基本统一即可。

（1）单线排列

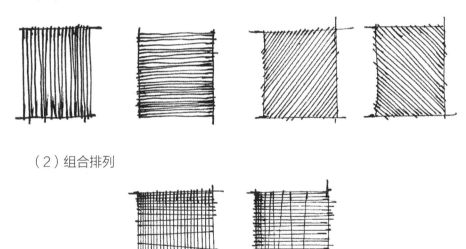

（2）组合排列

1.1.1.4 阴影表现

阴影的排线可以根据物体的透视方向进行排列，也可以选择垂直竖线排列。但是，无论选择哪个方向进行排列，都要注意线条要整齐有序，不能错乱和重复。

（1）根据透视方向进行排线

 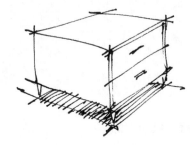

（2）垂直竖线排列

1.1.2 透视基础

透视就是把三维空间的物体转换到二维空间的平面上，并使之具有三维空间的立体效果。透视形式包括平行透视、成角透视、倾斜透视等，在手绘中，我们经常用到的是平行透视和成角透视。平行透视又叫一点透视，成角透视又称两点透视。在室内表现中还用到一种透视——一点斜透视。

（1）平行透视（一点透视）

平行透视（一点透视）绘制原理示意：

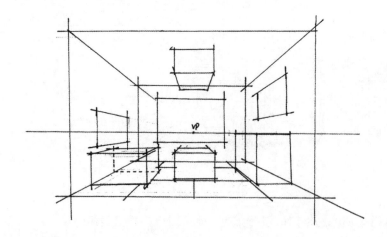

平行透视（一点透视）示例：

（2）成角透视（两点透视）

成角透视（两点透视）绘制原理示意：

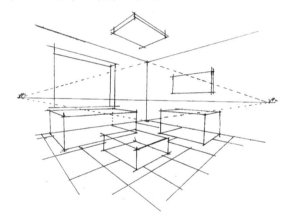

成角透视（两点透视）示例：

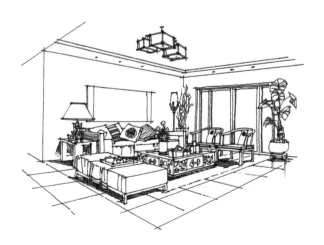

（3）一点斜透视

一点斜透视绘制原理示意：

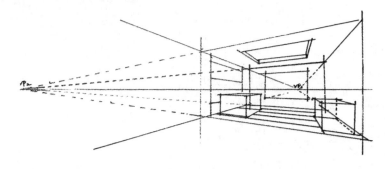

一点斜透视示例：

1.1.3 工具介绍

1.1.3.1 马克笔

马克笔是手绘设计快速表现最常用的工具，具有色彩丰富、携带方便、表现力强等优点。

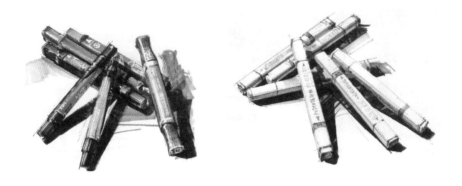

利用马克笔的特性可以精确地将颜色添加到必要的位置。随着线稿形状的不同，马克笔用笔的方法也不同，如窄小的上色区域要将马克笔笔尖立起来使用。又窄又长的上色区域则可以采用平放笔尖、横向排单线笔触的方法表现。

大面积上色区域就要采用叠加排列笔触的方法来填充色彩。注意每一笔之间不能有缝隙，不能有重叠的痕迹，否则会影响画面的整体效果。

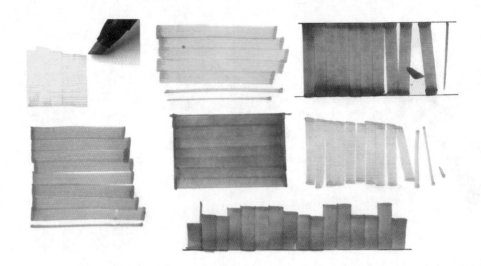

使用笔触与笔触之间连续、快速、重复叠加的用笔方法，可以得到柔和的、没有笔触痕迹的一块色彩。

要想用马克笔表现出更好的渐变效果，可以采用重复上色的方式。需要表现较深的地方，多重复一两遍，同时注意用笔的轻重和线条的粗细。

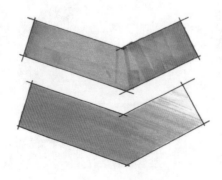

　　马克笔笔触在立方体、圆柱体上的运用练习应多做，熟练后对物体的表现
大有裨益。

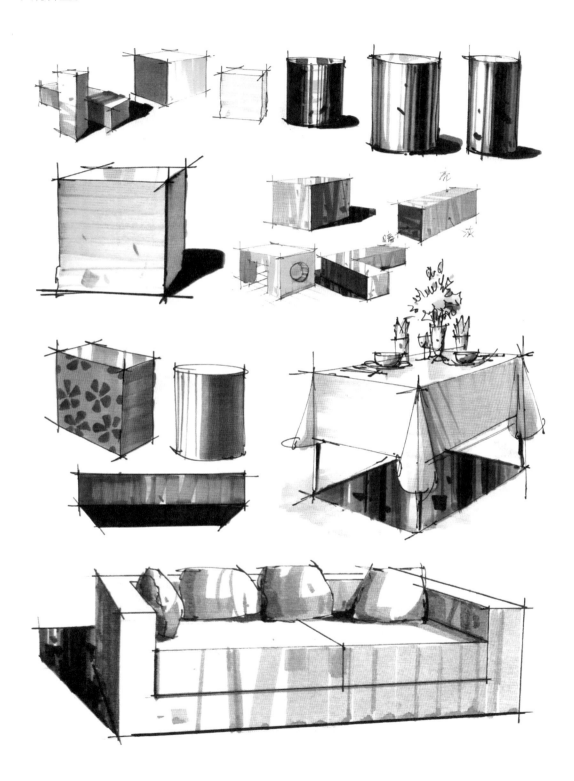

同色系渐变练习：

马克笔的同色系渐变练习采用"Z"字形的渐变方法，先画浅色再画深色。也可以与色粉笔、色铅笔等工具混合使用，从而达到渐变的最佳效果。这样的表现手法是上色的基础，在效果图表现中要熟练、灵活运用。

控制马克笔：

　　马克笔笔触的练习，就是控制下笔力度、速度的过程。控制笔头落在纸面上要平稳，控制好笔尖在纸面上的"角度"以及运行的方向、力度和速度。一笔画过纸面，想在哪个位置停下就能在哪个位置停下。在线稿范围内颜色不会画出去，也不会画少。这就需要逐步适应控制马克笔的下笔力度、行笔速度来实现。

马克笔排线练习：

马克笔结合形体的排线练习：

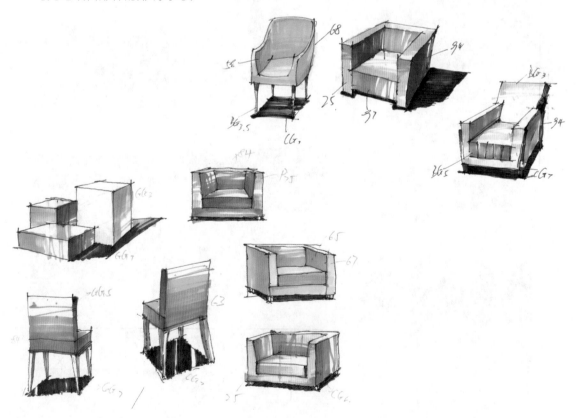

1.1.3.2　色铅笔

色铅笔就是市面上的彩色铅笔，这里主要是指水性彩色铅笔。

色铅笔绘图时要考虑形体、结构的变化，也就是要考虑排列笔触的方向、深度、密度等，更重要的是要考虑画面构图、物体的素描关系。

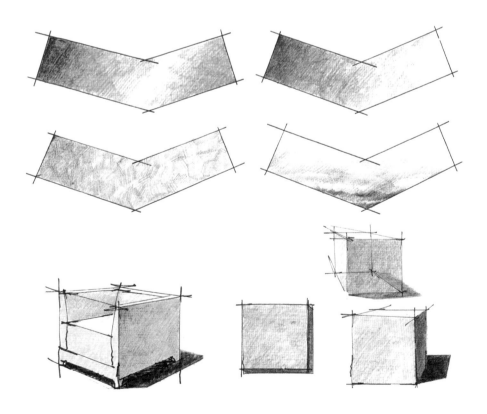

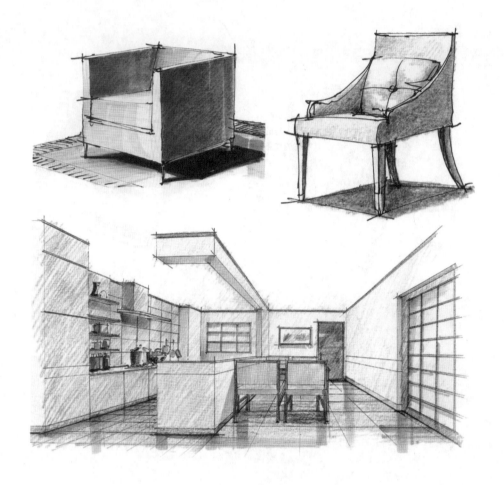

1.1.3.3 色粉笔

色粉笔是比较常见的绘图工具，一般分软色粉笔和硬色粉笔。软色粉笔颗粒细腻，容易着色，没有笔触的痕迹；硬色粉笔耐用，直接画在不同纸上会有明显的笔触痕迹。色粉笔在手绘效果图中起辅助作用，主要用于表现大面积的天空、水体、墙体等。

下面是用色粉笔表现的地砖：

在线稿的基础上用色粉笔涂抹，将色粉笔均匀地涂抹在砖面上，要防止色粉笔涂抹到线稿外，可以用纸或胶带遮挡。最后收尾工作，用白色高光笔勾画砖块的缝隙。

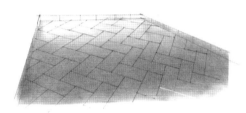 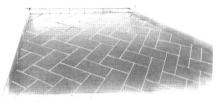

1.1.3.4　色粉笔与马克笔结合

色粉笔可以弥补马克笔表现渐变效果的不足与填涂大面积颜色不均匀的问题。同时，色粉笔的表现速度非常快，技法容易掌握。

色粉笔和马克笔结合表现砖块：

先用色粉笔整体涂抹，涂抹时不要画到线稿外面。再用同色系的深色马克笔画砖块的暗部，用浅色马克笔画灰面与亮面。

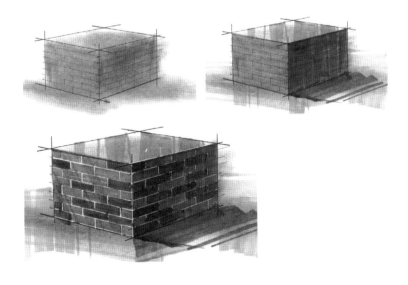

1.1.4 室内装饰物的绘制

初学者建议先用铅笔起稿，以抱枕为例。

第一步：用铅笔画出大体透视角度。

第二步：用铅笔描线，描出抱枕的轮廓结构以及抱枕上的装饰花纹。

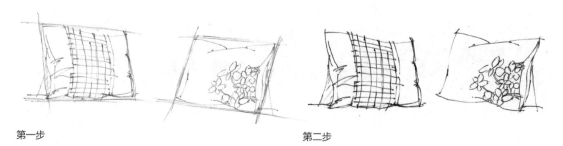

第一步   第二步

第三步：在铅笔稿的基础上用线笔描线，描线时注意控制速度，不要太慢，下笔肯定，不犹豫。

第四步：分别用CG2和CG6画出抱枕的体积，用笔可以带上弧形，以表现抱枕鼓起的特点。

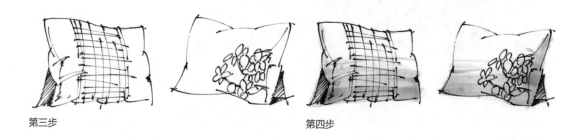

第三步   第四步

第五步：用CG8画投影。

第六步：分别用97号和91号马克笔画出左边抱枕的装饰部分；用28号和47号马克笔画出右边抱枕的装饰花卉和绿叶；最后用彩色铅笔进行细部的调整。

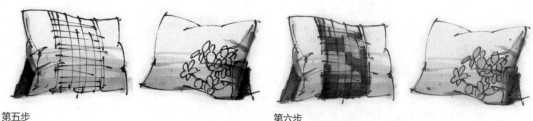

第五步   第六步

抱枕范例：

灯具范例:

1.1.5 茶几的绘制

第一步：用铅笔先画出茶几在地面的投影，然后向上勾画出茶几的外形结构。勾画时要注意透视关系和比例关系，竖直线一定要垂直于地面，倾斜线一定要消失到消失点。用线可反复，用笔不要太重。

第二步：初学者可以借助尺规用线笔勾画出茶几的轮廓，使之前不确定的边界线肯定下来。

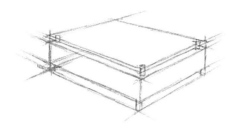 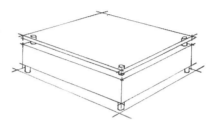

第一步　　　　　　　　　　　　　　　　第二步

第三步：添加阴影效果。注意阴影部分的添加要有助于突出形体和表现质感，如茶几台面玻璃部分的竖线，主要体现玻璃的反光特性。投影部分的排线可以由右向左画，也可由左向右画，本示范是由左向右画。

第四步：用67号马克笔画茶几的玻璃台面，画的时候注意根据玻璃的反光特性进行排笔。玻璃的侧面相对较深一点，用51号马克笔表现。

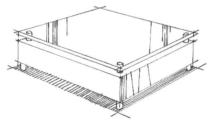 

第三步　　　　　　　　　　　　　　　　第四步

第五步：茶几的主体部分是木质的，用103号马克笔进行表现。

第六步：用CG6和CG8画投影部分。

第五步　　　　　　　　　　　　　　　　第六步

1.1.6 沙发的绘制

单人沙发范例:

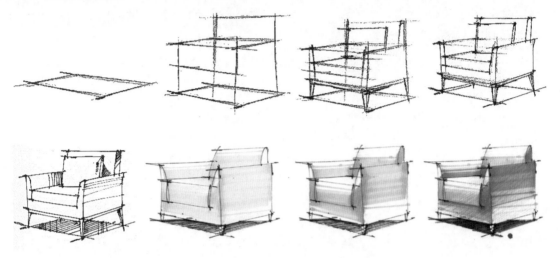

三人沙发绘制步骤:

第一步:用铅笔画出沙发的投影,注意透视关系的表现。

第二步:向上勾画出沙发的外形结构,同样要注意透视关系。

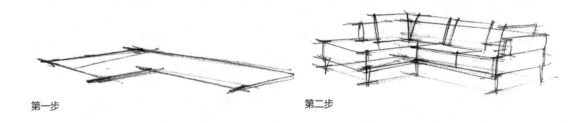

第一步   第二步

第三步:继续用铅笔勾画出沙发的具体形态。

第四步:用线笔勾画沙发的形态,同时添加投影和阴影。

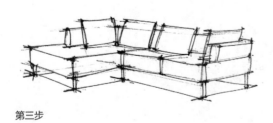
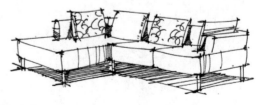

第三步   第四步

　　第五步：用WG1暖灰色马克笔画沙发的灰面，注意用笔要轻快，然后再用稍重的WG3画出沙发的暗面。

　　第六步：用土黄色彩铅画出沙发靠垫的基本色彩，再用CG4冷灰色马克笔画出地面阴影。

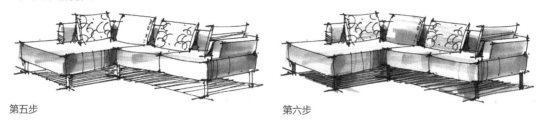

第五步　　　　　　　　　　　　　　　　　　　　　第六步

　　第七步：在暗部用WG5进行叠加，使暗部的转折处更重些；再用WG7画出靠垫后面的阴影效果，接着用101号马克笔画出靠垫的暗部；最后加重地面阴影部分，使其产生层次感。

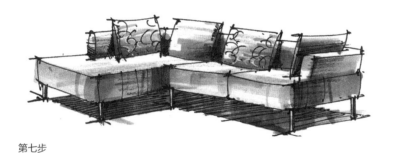

第七步

沙发线稿范例：

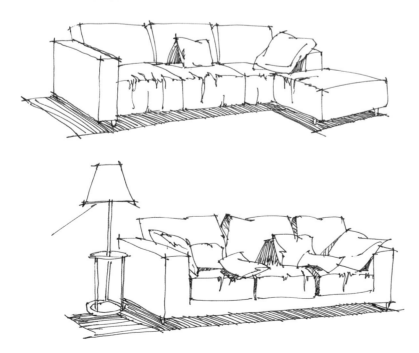

沙发范例：

1.1.7 床的绘制

第一步：绘制床体的线稿图，注意透视关系、比例关系以及结构关系。

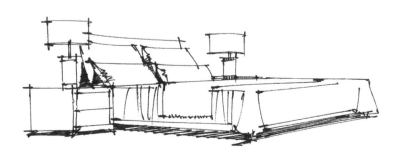

第二步：用26号马克笔画出床单的褶皱效果，注意笔触要按照线稿线条的方向运笔，然后用95号马克笔画出床头柜的固有色。

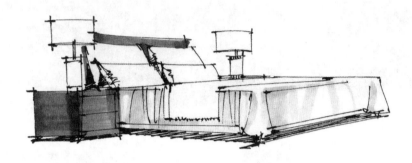

第三步：用4号马克笔快速扫笔，画出褶皱的层次，然后用WG4暖灰色画出地面阴影。

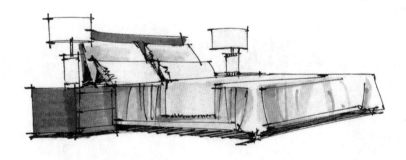

第四步：用WG3画出床单的暗面效果，然后用92号马克笔画出床头柜的暗部和阴影，再用土黄色彩铅画出台灯灯光。

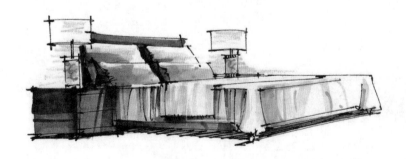

1.2 | 任务 2 卧室空间的表现

第一步：绘制线稿。

可以用铅笔画稿，也可以用尺规作图。画图时视点尽量压低一些，定在纸面的下三分之一的位置，并画出房间的细节。

第二步：用深浅不同的暖灰色画出天花、床侧面、沙发、脚凳等的阴影部分；同时，画出床、地面、床头的色彩。床头背景墙的红色在画的时候不要画得太多、太艳。

第三步：继续进行细节刻画，增加地面、天花、床的细节和色彩层次。

第四步：根据画面的刻画情况，调整明暗对比，对暗部进行加深。

　　第五步：用彩色铅笔表现质感，丰富画面，用涂改液或者油漆笔将高光处提白。

1.3 | 任务 3 客厅空间的表现

　　第一步：绘制线稿。

　　可以用铅笔画稿，也可以用尺规作图。画图时视点尽量压低一些，定在纸面的下三分之一的位置。

第二步：整体铺色。

可以先把画面上的黑色画好，可以使画面更清晰，也能调整出很好的素描关系，节省很多时间。通常黑色用在物体的投影、暗部、远处、反光强的材质上和一些光很难照射到的地方。黑色的面积一定不要大，加一点体现出体积感就可以了。

其他颜色的选用：首先用97号色确定木头的颜色，然后考虑地面的颜色。在这张图上选择了WG暖灰色系列，白色的沙发用CG冷灰色来铺色，灯光照射的位置可以预留出来，墙面和窗帘用169号色。

第三步：空间刻画。

画出家具的暗部。这一步要特别注意马克笔的笔触，如果笔触画不好会直接影响到画面的效果。墙面的大面积笔触一定要画得果断，放手去画，大胆画。地面的反光位置要根据地板上面的物体来定。

第四步：细节刻画。

可以用彩色铅笔进行细部的材质表现。比如地面的灰色可以加一点淡淡的偏红色的彩铅来改变色彩倾向，彩铅可以起到柔和过渡的作用。不加彩铅可以让画面看起来更清晰通透。

第五步：提白。

提白的位置一般在受光最多的地方、最亮的地方及光滑材质上等。提白不能用太多，多了会显得画面零乱。

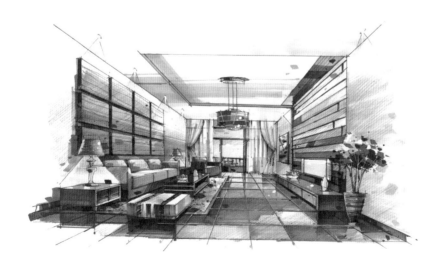

1.4　任务 4 餐厅空间的表现

第一步：用线笔勾画出餐厅的空间透视图，一定要注意透视准确，空间的尺度要把握好，绘制线条的时候要心中有数，肯定而有力。

第二步：根据餐厅的色彩，在把握整体色调的基础上，进行铺色，画面重色的部分要先进行表现。

第三步：观察明暗对比效果，逐渐拉开明暗关系，画面主体部分的餐桌和椅子要细心刻画，阴影部分也要注意冷暖变化，使画面色彩变得丰富。

第四步：深入刻画细节，表现光照效果，使得画面更加丰富。

第五步：仔细观察和分析画面的色彩关系，调整画面的色调与虚实，注意细节与整体的把握。

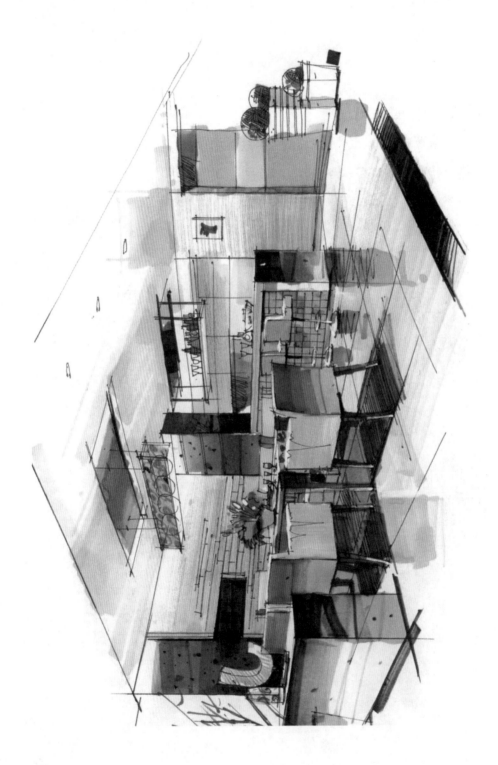

学生作品

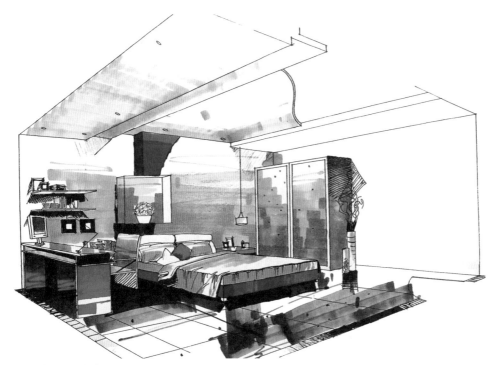

作者：建装 13 级　杨超

作者：建装 13 级　张娟

作者：建装 13 级　袁金华

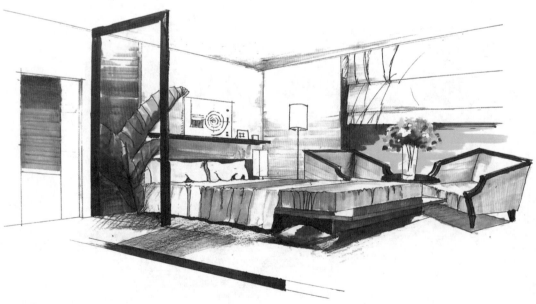

作者：建装 13 级　唐聪

作者：建装 13 级　吴江锐

作者：建装 13 级　邹春娟

项目 2

工装效果图快速表现

本章学习重点

  任务 1　办公空间的表现
任务 2　商业空间的表现

任务要点

1. 了解设计师手绘表现的类型。
2. 熟练线条起稿的技巧。
3. 掌握上色步骤及技巧。

任务目标

本项目学习安排在课程中后期，学生通过对本项目的学习，对设计师手绘表现的方法、技巧有明确的认识，从而了解本专业手绘表达方式的重要性。在教学中，本项目主要通过临摹练习、教师在教学中深入浅出的讲解与演示、学生再练习的方式，让学生在练习中获得知识。

2.1 任务 1 办公空间的表现

2.1.1 室内手绘表现分类

根据作用不同可以分为两类：一类是记录性草图，主要由设计人员收集资料时绘制；一类是设计性草图，主要是设计人员推敲方案、解决问题、展示设计效果时绘制的。

有以下几点作用：

（1）资料收集

为以后设计工作积累丰富的资料。

（2）形态调整

运用设计速写将各种设计构想形象快捷地表达出来，使设计方案得以比较、分析与调整。

（3）连续记忆

设计者从生活中获得灵感，发现新的设计思路和形式，通过设计速写留住瞬间感觉，为设计注入超乎寻常的魅力。

（4）形象表达

室内草图可形象地表达出物体的属性和空间的氛围。

办公空间线稿表现图（供图：建装 11503 班　张敏倩）

办公空间线稿表现图（供图：建装 11503 班　李雨浩）

2.1.1.1 起稿

起线稿的线本身要多一些变化，如软硬、松紧、粗细等。空间要符合透视严谨、层次丰富、质感真实、细节精致等基本原则。要有一些块面性的东西稳住画面，也可以让画面有大与小、稳重与洒脱的对比；如果准备上色，就不用把线稿表现得非常充分，但是大体的东西和线的味道一定要出来。

2.1.1.2 光影

光影效果指物体在光源照射下，它的亮部、阴影部、暗部所呈现的一个明暗关系。有些设计师线稿起了以后直接上马克笔或者使用其他表现材料，有些则喜欢先画光影再上色。两种都各有其优点，不上光影直接上色可使画面干净明亮，上了光影再上色显得有层次、更细腻。因此，两种方法或许可以折中，也就是可以在物体的底部或者暗部适当画些阴影，不用过于复杂，简单即可，具体方法如下：

（1）运用透视原理

近大远小，近实远虚，近粗远细，近亮远暗等。

办公空间线稿表现图（供图：建装 11503 班　罗维维）

（2）构图审美法则

布局、比例、动势等。

（3）运用对比方法

明暗过渡、对比。

2.1.1.3 上色

画面最重主次、轻重，一定要有一个基调、虚实、远近、体量、质感之间的呼应关系。

画浅色和中间色，笔触可以放开些，不要太拘谨。把想要强调的细节画得再强烈一些，把想要忽略的画得再少一些，先让整幅画的对比强烈些，然后再去调和其他颜色。

整体的虚实使用淡彩或马克笔，就要更精练一些、强烈一些，同时要突出线条和笔触的魅力；如果想采用写实的画法就要深入画到很细腻，千万不能折中。

2.1.1.4 调整

增加层次，刻画质感，整理细部。把大块面的东西画得简略些，然后多强调一些细节性的东西。至于如何掌握平衡，一是看自己主观上的处理思想，二是依靠经验。

办公空间手绘表现图（供图：建装 11503 班　李雨浩）

办公空间表现图（供图：建装 11503 班　罗维维）

2.1.2 学生作品

作者：建装 11503 班　张敏倩

作者：建装 11503 班　王俐

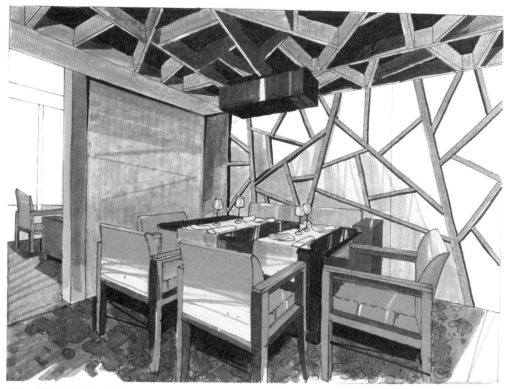

作者：建装 11503 班　王俐

作者：建装 11503 班　许元君

作者：建装 11503 班　李雨浩

作者：建装 11503 班　孙金格

作者：建装 11502 班　李嘉欣

2.2 任务 2　商业空间的表现

2.2.1 商业空间——餐饮空间表现一

餐饮空间表现图要体现出氛围，桌椅、灯具、装饰品等的色彩搭配要协调统一，可以采取对比、互补、相近等方法来烘托餐饮空间气氛。

2.2.1.1 起稿

手绘线稿也比较简单，用一些简单线条就能体现一个空间效果，不需要比较复杂的线稿，主要是靠颜色搭配和软装摆设来体现。

2.2.1.2 光影

一是可以用墨线笔的方法（采用素描方法）进行黑、白、灰关系的处理。二是可以直接用色彩进行深浅变化的表现手法。下图是直接用色彩表现物体阴影或者暗部的方法，一次一次加深直到最后修整。

咖啡厅表现图 （供图：张芳）

2.2.1.3 上色

第一步已经上过色了，即上面的浅色先铺个大调，也算是光影做法，接下来就是第二、第三遍铺色，用同色系较深的颜色继续深入。

2.2.1.4 调整

最后一步调整的时候可以在需要加深的地方加深，比如物体底部；可以在需要提亮的地方用白色提亮笔或者修正液提亮，比如下图为了地毯花纹更有质感，适当用了白色提亮笔。

咖啡厅表现图 　（供图：张芳）

2.2.2 商业空间——餐饮空间表现二

餐饮空间表现图中有大量的桌椅，需要谨慎地厘清每个物体之间的衔接关系；桌子上摆放的装饰品、碗筷以及吊灯都可以成为手绘表现的亮点，因此，尽可能画得丰富、饱满一些。

2.2.2.1 起稿、光影

餐饮空间起稿及上光影的方法简单概括有以下三步：

第一步：给予图中大框架结构线，构图时，画面不需要画得太满，边缘可以适当留白。

第二步：由浅入深，丰富线条组织。

第三步：加深整体空间及细部结构的完整线稿及明暗关系。

2.2.2.2 上色

着色应根据先整体后局部的方式来进行，先确定画面的整体色调，绘制整体的环境气氛。要做到：整体用色准确，落笔大胆，以放松为主，局部小心细致，行笔稳健，以严谨为主，用层层深入的绘制方式。

质感方面，在准确表现大色调之后，要利用小笔触刻画细节来表现质感的特性。尤其是要刻画在光照环境下的质感变化，特别是一些反光物体的刻画要准确到位，这样才能提升画面的效果。

第一步：先着手大块面且是物体阴影部分，用比较浅的颜色先打底色，这个底色是物体本身的颜色。

第二步：第一步、第二步主要给重点部分上色，上色和上光影一样，要分清主次、轻重。在这一步的时候也开始上次要部分和轻的部分，但同时也要再度加深重点部分。

2.2.2.3 调整

室内表现图是一种能够形象而且直观地表达室内空间结构关系、整体环境氛围并具有很强的艺术感染力的设计表达方式。它在方案的最后定稿中起着很重要的作用，有时一张草图的好坏甚至能直接影响方案的审定。因为室内草图提供了工程竣工的概念效果，有着先入为主的作用，所以一张准确合理且表现力极强的草图有助于得到委托方和审批者的认可与选用。

餐厅空间表现图　（供图：张芳）

2.2.3 其他商业空间表现

本次任务是手绘一个服装店效果图。服装店手绘效果图中，着重于灯光照射之下各材料质感的表现，应加强材料的表现，减轻服饰方面的表现，分清画面中的主次关系，不能使服饰抢眼于硬装效果。

2.2.3.1 起稿、光影

起稿的时候，线条要流畅，店里面的硬装要画得有力度，服饰方面要尽可能表现柔软的质感（用柔和的线条表达）。

在稿子起完以后，立即用墨线笔在各物体的阴影处适当添加阴影效果，不用太深，加完以后可用浅灰色在物体阴影部分上色一次。

2.2.3.2 上色

第一步：先用暖灰色把大体块面上一遍色。

第二步：把重要物体的固有色用浅色上一遍。

服饰店手绘表现图　（供图：建装 11503 班　黄梁）

2.2.3.3 调整

在上色两遍以后，我们发现服饰店的色彩已经完成，不过仍然过于浅淡，这样效果就会减弱，因此，这时候应该在物体底部和阴影部分加深、加强色彩的深度，使颜色之间的对比更强烈，效果更明显。

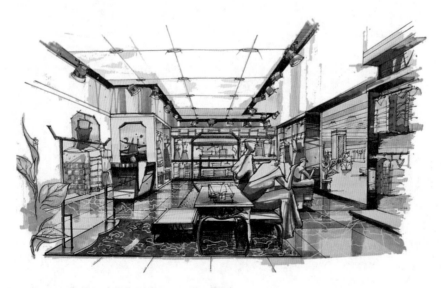

服饰店手绘表现图　（供图：建装 11503 班　黄梁）

学生作品（服饰店、咖啡厅、餐厅等手绘表现）

服饰店手绘表现图　建装 11502 班　李志雄

服饰店手绘表现图　建装 11502 班　王宇

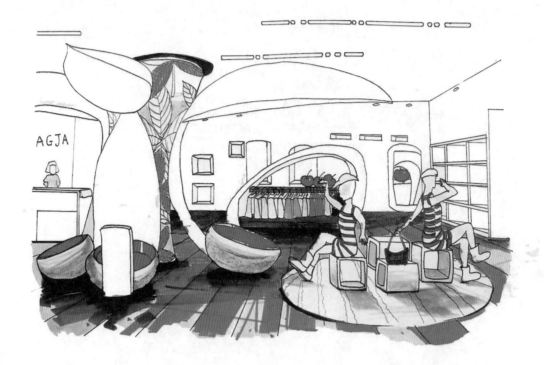

服饰店手绘表现图　建装 11503 班　张敏倩

服饰店手绘表现图　建装 11503 班　夏春秋

咖啡厅空间表现　建装 11502 班　杨雯

咖啡厅空间表现　建装 11502 班　肖祥圆

咖啡厅空间表现　建装 11502 班　朱晓蓉

餐厅空间表现　建装 11503 班　苏苹

餐厅空间表现　建装 11502 班　董楠

餐厅空间表现　建装 11502 班　康玉洁

餐厅空间表现　建装 11503 班　李海涛

餐厅空间表现　建装 11502 班　杨雯

餐饮空间表现　建装 11502 班　杨晓玲

餐饮空间表现　建装 11503 班　刘琳

餐饮空间表现　建装 11503 班　尹珏林

餐饮空间表现　建装 11503 班　夏春秋

餐饮空间表现　建装 11502 班　袁惠林

餐饮空间表现　建装 11503 班　黄梁

餐饮空间表现　建装 11503 班　张又园

餐饮空间表现　建装 11502 班　李思佳

餐饮空间表现　建装 11503 班　宋朝勇

餐饮空间表现　建装 11502 班　王宽

餐饮空间表现　建装 11502 班　陈兴敏

餐饮空间表现　建装 11503 班　苏萍

餐饮空间表现　建装 11502 班　沈燚

餐饮空间表现　建装 11502 班　肖寒

餐饮空间表现　建装 11502 班　廖文艺

餐饮空间表现　建装 11503 班　邓隆江

餐饮空间表现　建装 11502 班　陈兴敏

餐饮空间表现　建装 11502 班　陈凤

餐饮空间表现 建装 11502 班 杨晓玲

餐饮空间表现　建装 11502 班　康玉洁

项目 3

室外建筑的表现

本章学习重点

任务要点

1. 了解室外建筑表现的类型和方法。

2. 掌握绘制室外建筑的步骤。

3. 熟练掌握一点透视、两点透视及平行透视在室外建筑中的画法。

任务目标

本项目以室外建筑表现为教学目标。分步、分项讲解了如何高效、快速画出室外建筑马克笔效果图，同时，展示了学生课堂上的部分习作，希望通过我们的讲解和示范，大家能够以正确的方式、方法来进行训练。

3.1　任务 1　几何建筑表现

第一步

手绘建筑别墅设计表现，我们也可以理解为手绘设计元素表现，即取实际的设计元素，例如立方体结构，来延伸设计，或者说直接表现。延伸设计可以提取设计的元素，包括结构元素、几何体元素或色彩层次元素，然后我们可以从中提取这些元素，用手绘快速表现延伸色彩提取、变更等。

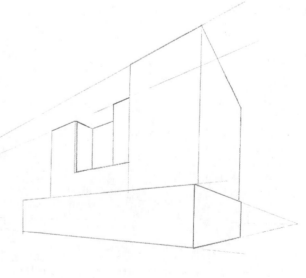

第二步

在植被景观的选取上，摒弃了一些固有的结构布置，因为我们是要表现建筑结构和完整空间，所以应把重点放在将建筑表现出来。

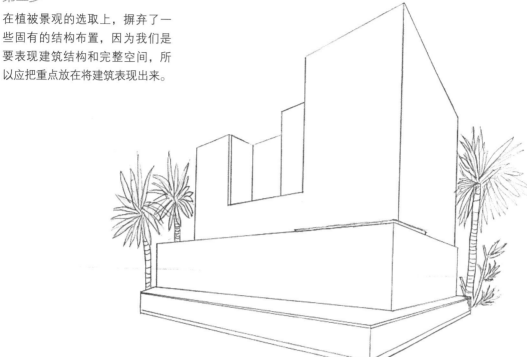

第三步

注意仰角的透视结构，我们可以先绘制近处前方的结构，并要主观地绘制出空间环境需要的，例如考虑色彩点缀、如何分配层次空间等。

第四步

确立光影，在线稿上可以说是最
出彩的地方。

第五步

处理色彩时，考虑层次的分配。如果第一层和第二层做中
色，那么后面建筑这个层次就可以做亮色，以确保色彩层
次的拉伸和递进。

第六步

第一层次选用21/97号色，实际建筑为白色（偏冷色）。在
这种情况下，很多人可能无从下手。这个时候我们可以开
始考虑叠色，例如后方建筑整体用25号色，为什么呢？因
为整体空间的处理，就如同油画或者水粉画等，画面需要
一个整体的基调色，而25号色可以作为整个空间结构统一
色系的基色，然后在这个基础上做冷色处理，才不会使前
后两处建筑脱离色彩统一。

第七步

后方建筑侧面选用BG和GG系列
色，亮面用淡25号色，可以用灰
色系列来扩大光影，但需要注意
变化。

3.2　任务 2 几何体元素建筑

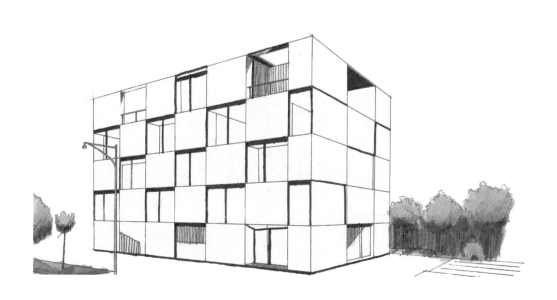

第一步

该几何元素建筑的色彩与结构及通透空间的处理可以说是让人耳目一新的设计。绘制时，注意几何结构和阶梯并不是处于一个透视角度上，而是一个坡度层次透视延伸。

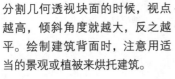

第二步

分割几何透视块面的时候，视点越高，倾斜角度就越大，反之越平。绘制建筑背面时，注意用适当的景观或植被来烘托建筑。

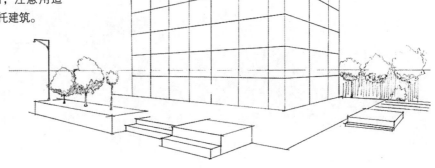

第三步

通透空间的简约处理。该空间表现是为了辅助整体的表现，切记不可单独做得过多；很多东西只需要概括表达。

第四步

统一光源，需要通过对建筑的明
暗处理来体现光源方向。

第五步

开始考虑色彩的处理，优先处理
建筑周围的空间。

第六步

通透的玻璃选用63号色，墙面选
用25号色做基色。

第七步

玻璃选用灰色系列BG，CG和GG
叠色，墙面选用28号色和BG色做
色调递进处理。注意区分受光面
与背光面的色彩处理，例如正面
与侧面玻璃色处理，建筑上方光
影和顶部逆光的处理。

3.3 | 任务 3 休闲农家建筑

休闲农家的建筑景观选用了高、中、低三系的景观植物，一般做景观设计
或者表现的时候，都会考虑到这样的搭配，然后考虑需要表达的是什么，例如
表达的是植物景观和空间搭配该如何处理。

第一步

建立透视空间骨架。

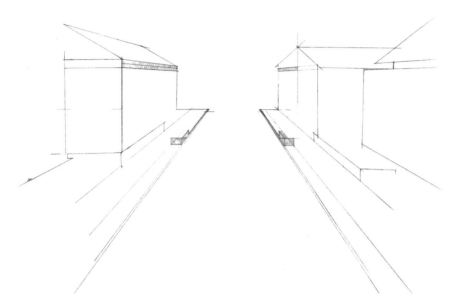

第二步

在绘制一点透视或平行透视效果
图时，一般从远处开始绘制，或
者从中心点开始绘制物体结构。

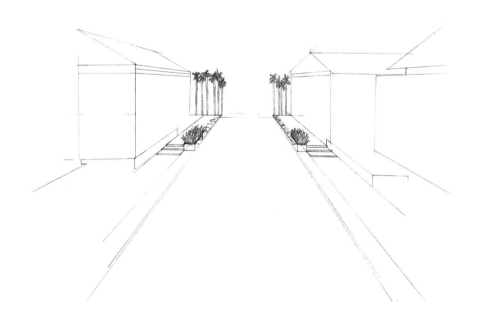

第三步

绘制整个画面的物体结构时，
一般情况下优先处理前面的物
体，例如植被，然后再去处理
后面的一些结构，但处理的时
候一定要对整个结构有所把握。

第四步

做光影的处理，一般情况下，
中间可以多做些反光投影或精
彩的部分，而周围可以简略一
些来处理结构和光影。优先涂
色彩少的部分（树叶、花草
等），避免处理大色块时色彩破
坏植被结构。大空间色彩留到
后期来处理。

第五步

画面整体色彩处理上选择了亮
处理，也就是色彩偏冷。例如
建筑运用了BG和CG系列色，让
整个画面显亮；部分地板用了
25号色，可以稍微增强色彩的
独立性。

第六步

整体色彩和局部处理。水体运用了63号和185号的马克笔上色，分两个层次，185号色铺底，63号色做深水的处理；建筑和地板的高光用对比色25号色和36号色进行处理；天空可以适当地用182号色或彩色铅笔做少量处理等。我们在最后绘制的时候，主要注意结构层次的变化，同时也可以把一些技法运用到画面当中，如光影处理、跌笔表现等。

3.4 | 任务 4 游泳池

第一步

该高度场景主要分3个层次空间，即植被、地面和水池。在某种情况下，我们可以主观地矫正透视来对场景进行更方便的表达和绘制。

第二步

绘制出背景植被和休闲椅，注意对场景明暗光影的处理。绘制画面中水池投影，优先处理中心水池的色彩，注意留出反光景物（如白云）的色彩空隙。在绘制高角度场景的时候，我们需要慎重考虑每个层次上的事物。例如，地面上太阳伞的绘制，要考虑该物体处于地面上，对地面起遮挡的作用，意识上要考虑到伞面是处于空中，然后依循透视原理进行结构的处理。

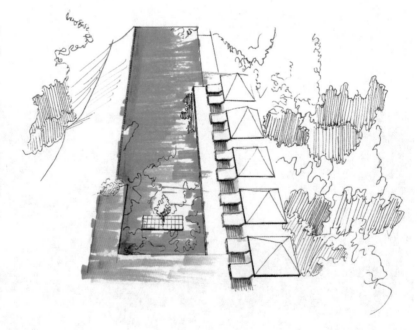

第三步

在前期色彩选取上，考虑表现中心，如表现泳池，反光云，如果整体是以亮色调来表现，白云就需要用其他颜色（要么淡黄，要么先与水固有色同色）来表现；在云结构之外做深层次的表现，水用了185号排笔，其后用63号或66号笔对水无投影处进行绘制。

第四步

其他部分需要用亮色来搭配整体画面。用43号笔在47号的程度上下压一个色度来做植物的暗面处理。我们需要注意，俯视角度中最难的是立体结构空间的表现，所以要用明暗色彩拉伸出立体结构空间。

3.5 | 任务 5 广场

第一步

该场景的绘制，采用一点斜透视，由于视觉角度处于高处，所以需要更谨慎把握透视，在结构骨架上进行场景结构的绘制。

第二步

以中间向外扩散的方式进行上色处理，水池按其上色结构进行上色。

第三步

绘制场景时，常会用到光影，例如柱子和水面的反光处理，还有地面的处理；这里场景延伸运用到了绘制地板的手法，从而使空间场景得到拉伸。

3.6 | 任务 6 学生习作分步练习

3.6.1 商场公共空间

建装11601班　杨晓艳

墨线稿

第一步：铅笔画出大厅空间的基本结构与透视，铅笔不要画得过重，否则不好擦掉。铅笔稿可以很容易地修改图面，为以后的修改带来方便。用针管笔勾画墨线稿，确定画面的结构、比例、透视。发现不正确的地方要及时修改。

第二步：把握整幅图的墨线稿，表现结构的同时还要注意画面整体效果。

第三步：为空间着色，先表现大面积色彩，如墙面、玻璃。用Touch（WG2）号暖灰色表现墙面，灯光的地方可以留白。用Touch（185）号浅蓝色表现玻璃的底色。

第一步

第四步：用Touch(WG3)号暖灰色加深墙面明度，用Touch（183）号蓝色加深玻璃色彩。墙柱下面的留白，深色的位置用Touch（GG3，GG5）号绿灰色表现。人物用Touch（47，14，83，43）号鲜艳的色彩表现，色彩鲜艳的人物起活跃画面的作用。

第五步：用Touch（WG5）号暖灰色刻画墙面局部的深色，暗面中的玻璃用Touch（62）号深蓝色刻画，表现玻璃时注意笔触投在地面上的影子用Touch（BG3）蓝灰色的表现，近处的休息椅用Touch（GG5）号绿灰色表现（注意笔触的编排），植物用Touch（47）号绿色表现。

第六步：顶棚玻璃的色彩用Touch（185）号浅蓝色表现，墙面色彩用Touch（WG3，WG5，WG6)号暖灰色逐渐加深，注意墙面不要画过深，否则就不是白墙了。

第七步：用Touch（62，BG7）号绿色加强玻璃的层次。远处植物和近处植物都用Touch（43）号深绿色表现。最后再用Touch(BG8)号绿色加深玻璃。

第八步：用Touch（BG6）号蓝灰色表现地面上的拼花，顶棚上的玻璃用白色油性铅笔排线提白，让玻璃有透光效果。用白色高光笔表现玻璃的框架结构。

第九步：这时整体观察分析画面需不需要加深明度（深色可使画面明快、响亮），深墙面用Touch（WG4，WG5）号暖色表现，纵向排笔表现墙面。用Touch(BG6)号蓝灰色再画一遍地面拼花，加深地面明度，使空间感增强。

第十步：最后对画面局部调整，用Touch（BG9，120）号深色刻画结构的转折处，大理石墙柱用针管笔和白色提高光表现纹理。

完成墨线稿

第二步

定空间的色调

第三步

丰富空间色彩

第四步

丰富空间细节

第五步

完善空间色彩

第六步

刻画玻璃（高光）

第七步

表现玻璃细节

第八步

加深空间色彩

第九步

调整画面

第十步

3.6.2 现代风格建筑（一）

建装11601　李凤翔

第一步：确定图的大小比例，在画面上进行布局。根据透视关系，用铅笔绘出轮廓。

第二步：检查无误后用签字笔勾出线条，擦去铅笔底稿。

第三步：先用最淡的颜色进行整体打底，注意不要涂满。

第四步：打完底后开始对局部进行上色，并不断对图进行加深。

第五步：再进一步处理好明暗关系的变化，不断完善，加强对细节的刻画。

3.6.3　现代风格建筑（二）

建装11601　易洁

第一步：利用透视将整体布局拉线拉出来，根据图纸大小把楼房大小比例以及所占位置确定下来，然后处理细节。有阴影处用勾线笔加深，楼房的线条是硬朗的，可以运用直尺拉线，玻璃墙面凹进去的地方应注意刻画，人物花草可以粗略描绘。

第二步：用马克笔最浅的颜色开始上色，左边三栋楼房采用红木颜色，所以正面可以先涂97号、103号和94号这三个浅颜色，上第一道色。左边三栋楼房，注意侧面的颜色应更深些，因为处于背光位置，可以运用木头色的最浅色上第一道色，之后运用1号色，因为它是比较深的颜色。

第三步：这次运用CG2上楼房前的第一道阴影，要注意先涂浅色，因为之后要上许多道色彩，有楼房的投影、花草、玻璃幕墙以及蓝天、白云的投影。

第四步：注意楼房阴影处上色，因为是玻璃窗户，应注意四周景物以及蓝天、白云投影在上面的颜色，可以运用最浅的蓝色点缀，阴影位置可以用WG7。花草、人物的上色，是整幅画的点睛之笔，因为颜色比较绚丽，人物、花草要画出朦胧的感觉。可以先用CG1或CG2轻轻描绘一下，让人视觉上有阴影的感观，花草至少要运用到浅绿、嫩绿、深绿三种颜色，人物用23号笔之后用11号笔。

第五步：最后就是蓝天和白云。运用最浅的CG1上第一道色，注意不能出现笔触，下笔一定轻，首先脑海里一定要对白云有影像，应该是浮动的，选用最浅的蓝色描绘。玻璃幕墙注意周围景色在上面的投影以及阴影关系，最后用高光点缀。

3.6.4　现代风格建筑（三）

建装11601　李远利

第一步：用铅笔画出建筑物的细节部分以及树木与消失点方向的建筑总体形状。寻找透视点，画出大概的图样，物体的形状要跟随透视点的方向，画出整体的图形构造，勾勒出水边的地面形状和建筑边的水流形状、水面的波浪、建筑的细节部分和树木的形状。

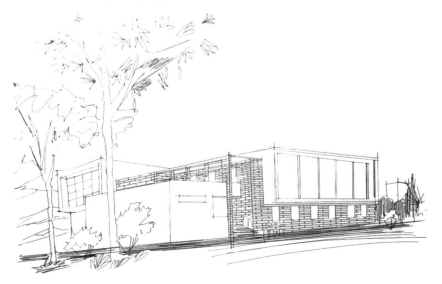

第二步：先在砖处上一层底色，建议以107号色与97号色为底色，在阴影处以深色加深。

第三步：再次加深砖的颜色，树冠以浅色打底。注意，在对砖加深颜色时需要注意光照，避免出现无立体感的情况。接下来对树进行上色以及添加背景细节。对玻璃和其余墙体进行上色时，注意玻璃的反光以及墙体的阴影，还有树冠的层次感。

第四步：添加高光，注意光影关系，尤其是树干位置，添加背景时也要注意光影关系。

3.6.5 广场一角

建装11601　班赖铖

第一步：徒手空间表现，首先画空间中最主要的形体，线条要求准确流畅。画出空间中的基本结构关系，要求透视和比例都准确。

第二步：用Touch（25）号暖色调铺外地面和建筑物底色，整个空间的基本形以房屋建筑硬装结构为主。

第三步：用Touch（WG1和WG3）号色深化主体，再用25号色体现外围墙，增强空间感。水池采用彩铅浅色调进行简单的打底。

第四步：再次深化画面。植物先大胆采用彩铅绿色系浅色调进行底色的铺设，再用Touch（42和43）号色进一步刻画，让植物更富有生动性，侧面烘托主体。用Touch（104）号黄色表现桌面结构。刻画景观玻璃，用Touch（WG3）进行浅色打底，再用Touch（42）号色体现玻璃中植物及外部物体的倒影，使其更加真实。

　　第五步：更深一层次地体现明暗关系，采用Touch（120）号色勾勒水池的石头，然后用Touch（WG1）体现石头的质感。进一步深化植物，调整人物细节、隔断的装饰以及桌伞的色调，让整个画面和谐。

　　第六步：最后仔细观察整个画面的协调感。天空云朵用彩铅浅蓝色表现，由于要体现天空的真实感，因而云朵要自然化，所以上色时将铅笔处理为粉末状进行天空渲染。个别深色部位采用Touch（120）号色加深。

项目 4

园林景观的表现

本章学习重点

任务 1　园林景观元素表现技法

任务 2　景观设计与运用

任务要点

1. 了解景观元素中各种单体的表现技法。

2. 掌握景观元素表现技法的相关知识，提高快速徒手绘制设计表现图的能力。

3. 熟练掌握景观元素表现基本技法，快速提高手绘表现能力，灵活、系统、形象地进行手绘表达。

任务目标

本项目从基础知识入手，图文并茂地讲解了景观元素表现规律和技巧，将手绘基础和设计方法、表现技法等融于一体。使学生基本具备风景园林设计徒手表达的能力，为以后进入设计课程做准备。

4.1 | 任务 1 园林景观元素表现技法

4.1.1 乔木的画法

（1）要把乔木看成圆球体，树冠上分出大小组块；

（2）分清受光面与背光面，注意留出反光；

（3）树的边缘留出虚实，可适当留出空隙，使树更圆滑。

（4）按照植物的生长规律，树干应圆滑流畅，用笔从上至下应由粗到细。树干与树干之间要做好穿插，树干与叶子的交界处应适当交代阴影。

常见画法：

第一步：描绘出树木枝干、枝条的形状，注意其枝条之间的穿插关系。

第二步：确定树冠的大致形状为球形，根据其形状绘制出树木的轮廓线。

第三步：根据绘制的树木形状确定光的方向，然后绘制出树木大体的明暗关系。

第四步：加强树木整体明暗关系，刻画细节。

第五步：给单体的树木加上简单的环境，注意近景树与远景树的关系。远景树只需要画出轮廓并虚化，增加画面的空间感。

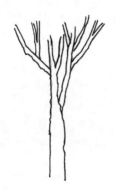

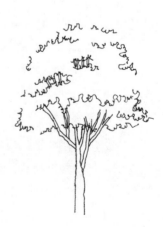

第一步   第二步

第三步

第四步

第五步

示范作品：

4.1.2 针叶植物的画法

针叶植物主要包括常绿针叶植物及落叶针叶植物两大类。

常绿针叶植物有雪松、松柏、柳杉、罗汉松等，落叶针叶植物有金钱松、水杉、落羽杉、池杉、落叶松等。

针叶植物有着相似的共性，叶子繁密。刻画时，按照素描关系，分清光源；上色时，以墨绿色调为主调，留出少量亮色即可。

常见画法：

第一步：绘制出松树的整体形态和层次。

第二步：绘制出松树的大致明暗关系。

第三步：加强阴影部分和明暗交界线的刻画。

第四步：绘制出松树的灰面，再整体调整画面。

第五步：给画好的松树加一个简单的环境，处于远处的松树可以虚化处理，增加画面的空间感。

第一步

第二步

第三步

第四步

第五步

示范作品：

4.1.3 草本植物的画法

草本植物丰富多样，掌握其外在特征是画好此类植物的关键。

常见画法：

第一步：绘制出一片叶片，并以叶片为基点，绘制出其他部分。

第二步：继续绘制出叶片，注意叶片之间的穿插关系。

第三步：绘制出老去的叶片。注意老去的叶片一般都是蔫在地上的，而新生的叶片一般都是生机勃勃、向上生长的，在绘制的时候，应该抓住它们的动态。

第四步：绘制出生长在叶片间的花朵，注意其动态以及花梗长出的位置。绘制花朵时，一定要抓住其蓬松的特性，不能画得过于死板。

第五步：绘制出叶片的暗部，深入刻画细节，并绘制出阴影。

第一步　　　　　　　　　　　　第二步　　　　　　　　　　　　第三步

第四步　　　　　　　　　　　　第五步

示范作品：

能在水中生长的植物，统称水生植物。水生植物四周都是水，不需要厚厚的表皮来减少水分的散失，所以表皮变得极薄。因此，我们在刻画水生植物的时候，要画出植物叶片的轻薄质感，以及植物与水之间的环境关系。要使植物本身更显得有空间层次，可以将叶子后面的小草调子加深、加强。

4.1.4 棕榈植物的画法

棕榈科属单子叶植物，分布于热带及亚热带地区，其种类非常丰富，但在刻画上有很多的共同点。

（1）叶子外在形态，从上到下为由嫩到老，因此叶子的朝向也就各有不同；

（2）在刻画叶子最密区域的时候，一般要用虚画的方式，即表达"少即是多"；

（3）根部交结时，可置入一些小碎石、景观石、小草等，使植物与地面不至于太生硬。

常见画法：

第一步：绘制树干，注意树干的纹路最好在同一方向，以免显得杂乱。

第二步：定发射点，画出叶子的方向。从图中可以看出，叶子是从中心向四周呈伞状发射，在绘制的时候要注意。

第三步：画出叶片。注意叶片要画得密一些，切不可画得过于稀疏。远处的叶子，根据其透视变化，可以虚化处理。

第四步：画出树干的阴影。大家在绘制的时候，树干的纹路最好在同一个方向。

第一步   第二步   第三步

第四步   第五步

示范作品：

4.1.5 其他

（1）水体

水的刻画，需要把握好水的流向和力度，才能控制线条的轻重缓急。

画水更多的精力是画水周围的材质，水本身在用线上要做到精简，才能更生动。

上色时，石头笔触要做到干净利落，有较强的笔触，水平面方向则按照水流方向运笔或者平行运笔，水与石材可运用对比色，可使材质之间区分更加明显。

（2）石头

俗话说"石分三面，树分五枝"，在刻画石头时也有以下要点：

① 在刻画石头这一类材质时，要分面刻画，面与面之间要明显，用线上要干脆利落；

② 画石头时，"明暗交界线"是交待石头的转折面，也是刻画的重点；

③ 注意留出反光，也就是在暗部刻画时，反光面用线较少。

常见石头的画法：

第一步：绘制出石头的大体轮廓线，注意石头高低不平的变化以及石块大小的变化。

第二步：绘制出石头的大致体块结构，增加层次感。

　　第三步：绘制出石头的暗面，注意排线的疏密变化，增加石头的空间体积感。

　　第四步：继续绘制出石头的灰面，要与亮面更好地衔接，并调整暗面。

　　第五步：绘制出石头的阴影，加强画面的空间体积，并在石头旁边加上花卉，丰富画面效果。

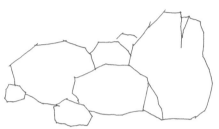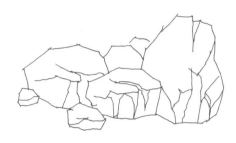

第一步　　　　　　　　　　　　　　　　第二步

第三步　　　　　　　　　　　　　　　　第四步

第五步

示范作品：

上色时要注意以下几点：

① 各种石头，颜色不一，大致分为暖色和冷色石材；

② 石材亮面可不根据石头的方向排笔，用马克笔宽头竖向排笔，光感显得更加强烈，高光处可用白色涂改液适当点出来，切忌不要用得太多，否则会使画面显得零乱与花哨；

③ 石材亮面的周围可适当加出周围环境，加强了对比，使物体、材质显得更加跳跃。

4.2 | 任务 2 景观设计与运用

园林景观作品线稿图与上色

项目 5
优秀作品鉴赏